그림으로 풀이한

우리꽃 이름의 유래와 꽃말

그림 : 인보 장현숙
글 : 교수 허북구

㈜이화문화출판사

서 문

꽃이 좋아서 집에서 150여종의 꽃들을 키우고 있습니다.
꽃을 보면 마음이 평안해지고, 꽃을 가꾸다 보면 시름도 잊게 됩니다.

꽃이 좋아서 가꾸는데 그치지 않고, 꽃을 그리기 시작했습니다.
그러던 차에 허북구 교수님께서 꽃 이름의 유래를 그림으로 그려 보시면 좋겠다는 말씀을 하셨습니다.

우리꽃 246개의 이름 유래에 대해 간략하게 정리된 자료도 주셨습니다.
그 중에서 130개의 꽃을 선별해서 꽃 이름의 유래를 그림으로 풀이해 보았습니다.

꽃 이름의 유래원은 자생지, 식물기관의 모양과 특성, 색깔, 크기 등 다양합니다.
그것을 알기 쉽도록 그림으로 표현했는데 많이 부족합니다.

부족하지만 저처럼 꽃을 좋아하시는 분들이 우리꽃을 감상하고, 즐기는데 조금이라도 도움이 되셨으면 하는 바람에서 그림을 열심히 그렸습니다.

2020년 7월

인보 **장 현 숙**

목 차

1 가시연꽃 ·······················9

2 각시붓꽃 ·······················10

3 개별꽃 ·························11

4 개불알꽃 ·······················12

5 고깔제비꽃 ·····················13

6 고들빼기 ·······················14

7 골무꽃 ·························15

8 광릉요강꽃 ·····················16

9 광대수염 ·······················17

10 괭이눈 ·························18

11 괴불주머니 ·····················19

12 구절초 ·························20

13 금강초롱꽃 ·····················21

14 금낭화 ·························22

15 기린초 ·························23

16 기생꽃 ·························24

17 까치수염 ·······················25

18 나비나물 ·······················26

19 노루오줌 ·······················27

20 단풍제비꽃 ·····················28

21 닭의장풀 ·······················29

22 대청부채 ·······················30

23 도깨비부채 ·····················31

24 도라지 ·························32

25 돌나물 ·························33

26 돌단풍 ·························34

27 말나리 ·························35

28 매발톱꽃 ·······················36

29 맥문동 ·························37

30 며느리밥풀 ·····················38

31 모래지치 ·······················39

32 물달개비 ·······················40

33 물레나물 ·······················41

34 물매화풀 ·······················42

35 물봉선·······························43

36 물옥잠·······························44

37 민둥제비꽃·······················45

38 민들레·······························46

39 바람꽃·······························47

40 바위돌꽃·····························48

41 바위떡풀·····························49

42 바위솔·······························50

43 바위취·······························51

44 바위틈고사리·····················52

45 반지꽃·······························53

46 방울새란·····························54

47 백리향·······························55

48 뱀딸기·······························56

49 벌개미취·····························57

50 범부채·······························58

51 벗풀·································59

52 보춘화·······························60

53 복수초·······························61

54 붓꽃·································62

55 비비추·······························63

56 사마귀풀·····························64

57 산마늘·······························65

58 산오이풀·····························66

59 삼백초·······························67

60 삼지구엽초·······················68

61 삿갓풀·······························69

62 상사화·······························70

63 새끼노루귀·······················71

64 새우난초·····························72

65 석위·································73

66 석창포·······························74

67 섬초롱꽃·····························75

68 솔나리·······························76

69 솔나물 ·····················77

70 솔붓꽃 ·····················78

71 쇠무릎 ·····················79

72 쇠서나물 ···················80

73 수련 ·······················81

74 수리취 ·····················82

75 수선화 ·····················83

76 수염가래꽃 ·················84

77 수영 ·······················85

78 술패랭이꽃 ·················86

79 쐐기풀 ·····················87

80 쓴나물 ·····················88

81 쓴풀 ·······················89

82 씀바귀 ·····················90

83 알록제비꽃 ·················91

84 알방동사니 ·················92

85 앉은부채 ···················93

86 애기똥풀 ···················94

87 양지꽃 ·····················95

88 어리연꽃 ···················96

89 얼레지 ·····················97

90 엉겅퀴 ·····················98

91 여름새우난초 ···············99

92 여우꼬리사초 ···············100

93 연꽃 ·······················101

94 옥잠화 ·····················102

95 용담 ·······················103

96 용머리 ·····················104

97 원추리 ·····················105

98 은방울꽃 ···················106

99 이른범꼬리 ·················107

100 이질풀 ·····················108

101 인동덩굴 ···················109

102 자라풀 ·····················110

103 자란	111
104 작약	112
105 장구채	113
106 제비꽃	114
107 제비붓꽃	115
108 족도리풀	116
109 쥐오줌풀	117
110 지리터리풀	118
111 진득찰	119
112 질경이	120
113 차풀	121
114 창포	122
115 처녀치마	123
116 천남성 (天南星)	124
117 체꽃	125
118 촛대승마	126
119 큰두루미꽃	127
120 타래난초	128
121 톱풀	129
122 투구꽃	130
123 파리풀	131
124 패랭이꽃	132
125 풍선난초	133
126 하늘나리	134
127 할미꽃	135
128 해국	136
129 해오라비난초	137
130 황금	138

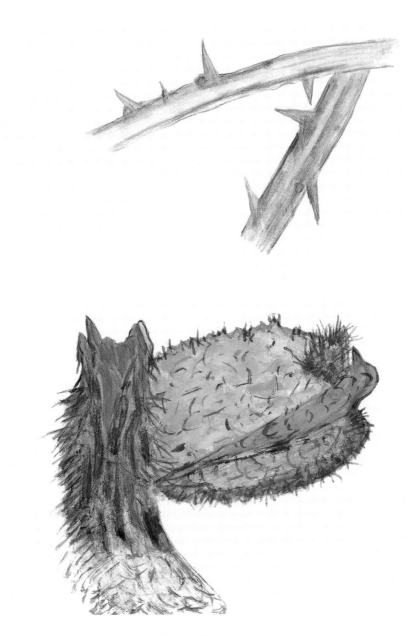

1 **가시연꽃** *(Euryale ferox)* 꽃말 : 그대에게 행운을

가시연꽃(정, 1939)은 수련과 식물로 가시+연꽃의 형태로 이루어진 이름으로 식물체에 가시가 있는데서 유래된 이름이다. 다른 이름에는 개연(정, 1949), 가시연(박, 1974), 가시련(북한) 등이 있다.

2 **각시붓꽃** *(Iris rossii)* 꽃말 : 존경, 신비한 사람

　각시붓꽃은 붓꽃보다 키가 작고 예쁜데서 붙여진 이름이다. 키는 10~15cm 정도 된다. 난쟁이 붓꽃은 각시붓꽃보다 작아 5~10cm 정도 된다.

3 **개별꽃** (*Pseudostellaria heterophylla*) 꽃말 : 귀여움

개별꽃(정, 1949)은 개+별꽃 형태로 이루어진 이름이다. 식물 이름에서 접두어 개-는 마구된, 변변치 못한, 야생의 등으로 쓰이는 데 개별꽃에서는 산에서 자라며 별꽃에 비해 변변치 못하다는 것을 나타낸 것이다. 별꽃은 작은 별 모양의 꽃이 밤하늘의 은하수처럼 한꺼번에 피는데서 유래된 이름이다. 야생의 별꽃이라는 뜻에서 들별꽃(북한)이라 불리기도 한다.

4 **개불알꽃** *(Cypripedium macranthum)* 꽃말 : 기쁜 소식

  개불알꽃(정, 1937)은 꽃 모양이 개불알처럼 생겼다 해서 붙여진 이름이다. 개불알꽃의 다른 이름에는 요강꽃(박, 1949)과 까마귀오줌통, 불알꽃, 복주머니가 있다. 까마귀오줌통은 이 꽃에서 나는 지린내 때문인 것으로 생각된다. 요강꽃은 꽃의 모양을 요강에 비유한 것으로도 생각되지만 이 역시 냄새와도 관련이 있다. 복주머니는 개불알꽃이라는 이름이 천박하다는 이유로 개명한데서 연유한 것이다.

5 **고깔제비꽃** *(Viola rossii)* 꽃말 : 즐거운 생활

　고깔제비꽃(정, 1949)은 고깔+제비꽃의 형태를 이룬 이름이다. 이름은 새잎이 고깔 모양으로 나오는데서 유래된 것이다. 고깔은 본래 머리에 쓰는 뾰족한 갓이란 말로 갓의 옛날 말인 곳갈이 변한 것이다. 곳갈에서 곳은 송곳의 곳과 같은 말로 뾰족한 것을 의미하는데, 오늘날에는 주로 농악무를 추는 사람들의 머리에 쓰는 물건을 말한다.

6 **고들빼기** *(Youngia sonchifolia)* 꽃말 : 모정, 순박함

　고들빼기는 여러개의 꽃봉오리가 오돌오돌한 밥알처럼 보인다는 뜻의 방언 '꼬들비'가 변한데서 유래되었다는 설이 있다. 고들빼기와 꽃이 유사한 씀바귀의 한명 苦茶(고도)에 접미사 '－빼기'가 합쳐져서 이루어진 이름이다는 주장도 있다.

7 **골무꽃** *(Scutellaria indica)* 꽃말 : 의협심

골무꽃(정, 1937)은 골무+꽃 형태로 이루어진 이름이다. 즉 골무는 바느질 할 때 바늘을 누르기 위하여 손가락 끝에 끼우는 물건인데, 이 식물의 꽃받침통이 골무모양 같은데서 유래된 이름이다.

8 광릉요강꽃 *(Cypripedium japonicum)* 꽃말 : 청순한 마음

　광릉요강꽃(이, 1969)은 광릉+요강꽃으로 이루어진 이름으로 표준명은 치마난초(정, 1970)이다. 광릉(光陵)은 조선조 제7대 세조대왕의 능묘로 설정된 후 500여년간 수림(樹林)이 잘 보존된 곳으로 많은 식물 이름에서 접두어로 사용되고 있다. 광릉이라는 지역명이 접두어로 사용된 식물들은 광릉에서 채집되었거나 광릉에만 분포하는 특산인 경우가 대부분이다. 광릉요강꽃 외에 광릉개고사리, 광릉용수염, 광릉제비꽃, 광릉개밀, 광릉말털이슬, 광릉쥐오줌풀, 광릉골무꽃, 광릉골, 광릉족제비고사리, 광릉물푸레 등이 광릉과 인연이 있는 식물들인데, 대부분 기본 종과 구별하기 위해 광릉이 접두어로 사용된 것이다.

9 광대수염 *(Lamium album)* 꽃말 : 외로운 사랑

광대수염(정, 1937)은 꽃이 피는 잎자루와 줄기의 겨드랑이 사이에 긴 수염같은 돌기가 나는데 이것을 광대수염에 비유한데서 유래된 이름일 것이다. 광대는 인형극, 가면극 같은 연극이나 줄타기, 땅재주 같은 곡예를 놀리던 사람, 판소리를 업으로 삼던 사람 또는 배우를 얕잡아 일컫는 말이다. 또 연극을 하거나 춤을 추려고 얼굴에 물감을 칠하던 일을 가리키는 것으로 친근감이 드는 존재이며 동시에 신분상으로는 다소 낮은 존재이다.

10 **괭이눈** *(Chrysosplenium grayanum)* 꽃말 : 골짜기의 황금

　괭이눈(정, 1937)은 잎들이 뭉쳐 나 있는 가운데 노란 꽃이 매우 밝게 눈에 띄므로 마치 어둠 속에서 빛나는 고양이의 눈과 비슷한데서 유래된 이름이다. 열매가 익을 무렵이면 그 모양이 고양이가 햇볕에서 눈을 지그시 감고 있는 모습과 같다고 해서 괭이눈이라는 이름이 붙었다는 설도 있다. 북한에서는 괭이눈풀이라 하며, 일본 이름도 괭이눈풀(猫の目草)이다.

11 괴불주머니 *(Corydalis pallida)* 꽃말 : 보물주머니

괴불주머니(정, 1937)는 이 식물의 꽃이 괴불주머니를 닮은 데서 유래된 것이다. 괴불주머니는 끈 끝에 차고 다니는 노리개로 색 헝겊을 네모지게 접어서 속에 통통하게 솜을 넣고 가장자리에 상침수를 놓으며 색 끈을 접어서 다는 것이다. 다른 이름에는 산해주머니(이, 1969), 뿔꽃(북한)이 있다.

12 **구절초** (*Chrysanthemum zawadskii herbich var. lactilobum*) 꽃말 : 어머니의 사랑

구절초(정, 1937)라는 이름의 유래에 대해서는 여러가지 설이 있다. 첫째는 재액을 물리치고 불로장생하기 위하여 음력 9월 9일 중양절에 꽃을 꺾은 다음 꽃으로 국화주를 만들어 먹은 것에서 구절초(九折草)라는 이름이 유래되었다는 설이다. 둘째는 음력 9월 9일날 꽃과 줄기를 함께 잘라 부인병 치료와 예방을 위한 한약재로 이용한데서 구절초(九折草)라는 이름이 유래되었다는 설이다. 셋째는 음력 9월, 즉 구절(九節)에 개화하는데서 유래되었다는 설이다.

13 **금강초롱꽃** *(Hanabusaya asiatica)* 꽃말 : 가련한 마음

   금강초롱꽃(이, 1980)은 1909년 금강산에서 처음 발견된 곳으로 꽃이 초롱과 같다는데서 유래된 이름이다. 다른 이름에는 금강초롱(정, 1937)이 있다. 발견지가 명명기반이 된 초롱꽃 중에는 검산초롱꽃이 있다. 검산초롱꽃은 평남과 함남 경계에 있는 검산에서 유래된 것이다.

14 **금낭화** *(Dicentra Spectabilis)* 꽃말 : 당신을 따르겠습니다

  금낭화(정, 1937)는 심장 모양의 꽃이 예쁜 비단 주머니처럼 생긴데서 유래된 이름이다. 한자로는 비단 錦(금), 주머니 囊(낭), 꽃 花(화)자를 쓰는데, 어떤 책에는 쇠 金(금), 사내 郞(낭), 꽃 花(화)로 표기되어 있다. 이는 아마도 꽃 모양을 사내의 성기모양에 비유하여 은유적으로 표현한 결과인 것으로 생각되는데 錦囊花(금낭화)가 바른 이름이다.

15 기린초 *(Sedum kamtscatialm)* 꽃말 : 소녀의 사랑, 기다림

　기린초(정, 1937)는 이 식물의 두꺼운 잎과 꽃을 기린(麒麟)의 뿔에 비유한데서 유래된 이름이
다. 그런데 기린초는 麒麟草(기린초)로 쓰지만 기린은 동물원에 있는 목이 긴 포유류 동물이 아니
라 중국의 옛 문헌에 나오는 상상의 동물이다. 이 동물은 성인(聖人)이 출현할 때 나타난다고 전
해지며 전한말(前漢末) 시대 때 경방(京房)이 쓴 역전(易傳)에 의하면 기(麒)는 숫컷을, 린(麟)은
암컷을 가르킨다.

16 **기생꽃** *(Trientalis euroraea)* 꽃말 : 천사, 행운의 열쇠

  기생초(정, 1937)는 기생들이 쓰는 것과 같은 화관을 가지고 있는데서 유래된 이름이다. 식물이름에는 기생뿐만 아니라 광대도 쓰이는 데 이들은 신분상으로 천인(賤人)에 속한다. 또 스님이 차용된 식물이름은 찾아보기 힘든 반면 중이 차용된 식물이름이 많은데, 이는 식물이름을 생성할 때 고귀한 존재의 이름을 붙이는 경우보다는 누구나 쉽게 부를 수 있는 존재들을 차용하여 이름을 붙였기 때문일 것이다.

17 까치수염 *(lysimachia barytachys)* 꽃말 : 달성, 동심

까치수염(정, 1937)은 까치수영이 잘못 표기된 이름이라는 설이 있다. 까치에는 수염이 없기 때문에 까치수영이 옳다는 것이다. 이것은 수영을 기본종으로 잘못 생각한데서 연유된 것 같은데 수영은 소리쟁이속이며 까치수염은 까치수염속이므로 속이 틀리다. 그러면 왜 까치수염일까? 아마 이삭의 털을 수염에 비유한 것 같으며, 이삭의 전체모양을 까치에 비유한데서 유래된 이름인 것으로 생각된다.

18 **나비나물** *(Vicia unijuga)* 꽃말 : 말너울

　나비나물(정, 1397)은 산야에서 자라는 콩과의 다년생풀로 여름, 가을에 적자색 나비 모양의 꽃이 잎겨드랑이에서 피는데서 유래된 이름이다. 다른 이름에는 큰나비나물(정, 1949), 봉올나비나물(박, 1949), 가지나비나물(박, 1949), 참나비나물(안, 1982)이 있다.

19 노루오줌 (*Astilbe rubra*) 꽃말 : 기약없는 사랑

　노루오줌(정, 1937)은 풀의 뿌리에서 누린내가 나는데서 유래된 이름이다. 많은 동물 중 노루를 차용한 것은 노루의 오줌과 비슷한 냄새 때문이기도 하겠지만 노루가 그만큼 친근감이 있기 때문일 것이다. 실제로 노루는 식물이름 뿐만 아니라 지명이나 마을 이름에도 많이 차용되고 있다.

20 단풍제비꽃 *(Viola albida for. takahashii)* 꽃말 : 겸양

단풍제비꽃(정, 1949)은 제비꽃 종류인 이 식물의 잎사귀 모양을 단풍나무잎에 비유한데서 유래된 이름이다. 다른 이름에는 단풍오랑캐꽃(정, 1937), 단풍씨름꽃(박, 1949)이 이 있다.

21 **닭의장풀** *(Commelina communis)* 꽃말 : 순간의 즐거움

　닭의장풀(정, 1937)은 닭의 창자를 닮은 풀이라는 뜻의 계장초(鷄腸草)에서 유래된 이름이다. 장마철이 되면 닭의 벼슬처럼 꽃이 피는데서 유래된 이름이다라는 주장도 있다. 다른 이름에는 닭의밑씻개(정, 1937), 닭의꼬꼬(정, 1937), 닭개비(정, 1937), 닭의발씻개(안, 1982)가 있다.

22 대청부채 *(Iris dichotoma)* 꽃말 : 좋은 소식

대청부채는 범부채와 비슷하게 생겼으며, 인천 대청도에서 처음 발견 된데서 유래된 이름이다.

23 도깨비부채 (*Rodgersia podophylla*) 꽃말 : 행복, 즐거움

 도깨비부채(정, 1949)는 그다지 키가 큰 풀이 아니지만, 잎은 지름이 50cm 정도나 되는 아주 넓은 풀로 정상적인 잎보다 매우 크다. 이러한 점에서 착안하여 비정상적인, 엉뚱한 풀이라는 뜻으로 도깨비라는 구성요소를 차용했고, 여기에 넓다는 의미를 지닌 부채까지 붙인 것으로 보인다. 다른 이름에는 독개비부채(정, 1937), 수레부채(북한)가 있다.

24 도라지 *(Platycodon grandiflorum)* 꽃말 : 영원한 사랑

도라지(정, 1937)는 산골 마을에 도라지(또는 라지)라는 소녀가 공부하기 위해 중국으로 떠난 먼 친척 오빠를 기다리다 할머니가 되어 숨을 거두어 도라지꽃이 되었다는 전설에서 유래된 이름이라는 설이 있다. 그런데 도라지의 옛 이름은 도랏이기 때문에 전설에서 유래되었다는 설은 신빙성이 떨어진다. 도라지는 사람 이름 보다는 미끌+라지에서 유래된 미꾸라지처럼 도+라지의 형태로 이루어진 이름일 것이다.

25 **돌나물** *(Sedum sarmentosum)* 꽃말 : 근면

　돌나물은 봄나물로 흔히 돈나물이라 부른다. 들이나 산기슭, 돌담아래, 장독대 돌무더기 틈에서 자라는 이 풀은 돌 틈에 살면서 번식한다 하여 돌나물이라는 이름 붙었다. 돌나물은 이조 숙종 때 만들어진 산림경제(山林經濟)의 산야채품부에 보며 석채라고 이름이 올라 있어 먹는 풀로는 오랜 역사를 가졌음을 알 수 있다. 한방에서는 불갑초(佛甲草)라 한다.

26 **돌단풍** *(Mukdenia rossii)* 꽃말 : 생명력, 희망

　돌단풍(정, 1937)은 깊은 산 계곡, 물가 바위 틈에 붙어 자라며 잎 모양이 단풍나무 잎과 비슷한
데서 유래된 이름이다. 다른 이름에는 장장포(정, 1937), 돌나리(이, 1980)가 있다. 속명의 Aceri-
phyllum은 라틴어의 acer(단풍)와 phyllon(잎)이 합쳐진 것으로 잎모양이 단풍잎 비슷한데서 유
래되었다.

27 말나리 *(Lilium medeoloides)* 꽃말 : 존엄, 무한한 사랑

말나리(정, 1937)는 말+나리 형태로 이루어진 이름이다. 말나리에서 말은 초형이 말 같이 큰 것을 나타내는데 실제로 말나리는 키가 70~120cm로 자생 나리 중에서는 큰 편이다.

28 **매발톱꽃** *(Aquilegia buergeriana)* 꽃말 : 승리의 맹세

매발톱꽃(정, 1937)은 꿀주머니 안쪽으로 말려진 꽃모양이 매의 발톱을 오므린 듯한 모양인데
서 유래된 이름이다. 우리나라에서 매는 식물이름 구성요소로서 거의 쓰이지 않는 조류(鳥類)이
다. 그런데도 매가 매발톱꽃이 이름의 구성요소로 쓰인 것은 속명 때문인 것으로 생각된다. 매발
톱꽃의 속명 Aquilegia는 라틴어의 aquila에서 유래한 말로 독수리를 뜻하기 때문이다.

29 맥문동 *(Liriope platyphylla)* 꽃말 : 겸손, 인애

　맥문동(麥門冬)은 뿌리의 모양이 보리를 닮았고, 겨울에도 잎이 마르지 않고 푸르다는 의미에서 유래된 이름이다.

30 며느리밥풀 (*Melampyrum roseum*) 꽃말 : 질투, 여인의 한

아랫입술 모양의 꽃잎 가운데에 하얀 밥풀 같은 두개의 무늬가 있어서 벌어진 입안에 밥알이 몰려 있는 듯한 모양에서 유래된 듯 싶다. 시어머니와 며느리간의 갈등에 유래되었다는 설도 있다. 옛날 어떤 며느리가 몹시 배가 고파 시어머니 몰래 밥을 먹었는데 먹는 도중에 시어머니에게 들켜 밥알이 목에 걸로 죽었다는 이야기이다. 또 다른 이야기로는 밥을 짓던 며느리가 뜸이 잘 들었는지 보기 위해 몇개의 밥을 집어먹었는데, 이를 본 시어머니가 어른이 먹기도 전에 밥을 먹는다며 며느리를 때려 가엽게도 며느리는 세상을 뜨게 되었다는 것이다. 그 며느리가 죽은 뒤에 무덤가에는 하얀 밥알을 입에 물고 있는듯한 꽃이 피어났는데 사람들이 죽은 며느리의 넋이 꽃으로 피었다하여 꽃며느리밥풀이라 부르게 되었다 한다.

31 **모래지치** *(Messerschmidia sibirica)* 꽃말 : 온화, 미인의 잠결

모래지치는 지치과 식물로 지치와 비슷하면서 모래땅에 자라는데서 유래된 것이다.

32 물달개비 (*Monochoria vaginalis var. plantaginea*) 꽃말 : 현모양처

   물달개비는 물에서 자라며 잎 모양이 달개비와 비슷하고, 물속에서 자라는 특성에서 유래되었다고 한다.

33 **물레나물** *(Hypericum ascyron)* 꽃말 : 추억, 화해

　물레나물(정, 1937)은 물레+나물 형태로 이루어진 이름이다. 물레는 솜이나 털 따위의 섬유를 자아내서 실을 만드는 간단한 도구이다. 나무로 된 여러 개의 살을 끈으로 얽어매어 보통 육각의 둘레를 만들고 가운데에 굴대를 박아 손잡이로 돌리게 되어 있는데 여기에 물레줄을 걸쳐 괴머리 가락을 세게 돌리면 살이 감겨진다. 아마도 물레가 이렇게 감겨지는 모습에다 꽃이 피면 꽃잎이 바람개비처럼 옆으로 휘어진 듯한 물레나물의 특징을 비유하여 식물이름에 물레를 차용한 것으로 생각된다.

34 물매화풀 *(Parnassia palustris)* 꽃말 : 고결, 결백

　물매화풀(정, 1937)은 습지에서 자라고 꽃은 매화같은 모양인데서 유래된 이름이다. 다른이름
에는 물매화(박, 1949), 풀매화(박, 1974)가 있다. 중국이름은 매화초(梅花草)이다.

35 물봉선 *(Impatiens textori)* 꽃말 : 나를 건드리지 마세요

물봉선(정, 1937)은 물+봉선의 형태로 이루어진 이름이다. 물은 이 식물이 물가에서 잘 자라는 생육특성을 반영한 것이다. 봉선은 봉선화(鳳仙花)를 가리키는 것으로 군방보(群芳譜)에 의하면 이 식물이 머리와 날개 꼬리와 발이 우뚝 서 있는 봉황새의 형상과 같다는 데서 봉선화라는 이름이 유래되었다고 되어 있다. 그러므로 물봉선은 물가에서 피는 봉선화라는 뜻에서 유래된 이름이다.

36 물옥잠 *(Monochoria korsakowi)* 꽃말 : 고요, 침착

물옥잠은 물에서 자라며 잎과 꽃모양이 옥잠화와 비슷한데서 유래되었다.

37 민둥제비꽃 *(Viola phalacrocarpa Maxim for. glaberrina)* 꽃말 : 성실, 겸양

민둥제비꽃(정, 1949)은 양지에서 자라는 제비꽃 종류의 다년초로 털제비꽃과 달리 털이 없고 연보라색 꽃을 피우는데서 유래된 이름이다. 다른 이름에는 대둔산오랑캐(박, 1949), 털제비꽃(박, 1974), 민둥산제비꽃(북한)이 있다.

38 민들레 *(Taraxacum platycarpum)* 꽃말 : 행복, 사랑의 신

　민들레(聯, 1937)는 고유어 이름으로 그 유래가 명확하지 않다. 다만 방언이름과 생태적 특성을 고려해 보면 문둘레에서 유래되지 않았을까 하는 생각도 든다. 민들레는 "어느새 내 마음 민들레 홀씨되어 강바람 타고 훨어훨 훨어훨 내 곁으로 간다"라는 노래 가사처럼 씨앗에는 흰 관모(冠毛)가 있어서 바람을 타고 먼 곳까지 종자를 운반할 수 있도록 되어 있다. 그래서 예전에는 사립문 둘레에도 흔히 볼 수 있었으며, 이 점에서 문둘레라고도 하던 것이 민들레로 변화되었을 가능성이 있다.

39 바람꽃 *(Anemone narcissiflora)* 꽃말 : 사랑의 괴로움, 덧없는 사랑

　바람꽃(정, 1937)은 잎이나 꽃의 모양이 매우 가늘어 바람에 쉽게 산들거리는데서 유래된 이름
이다. 다른 이름에는 조선바람꽃(박, 1949)이 있다. 속명 Anemone는 바람이 딸이라는 뜻이다. 산
들 바람만 불어도 하늘하늘 흔들리는데서 유래된 것이다. 속명을 해석하여 붙인 이름인 것으로
생각된다.

40 바위돌꽃 *(Rhodiola rosea)* 꽃말 : 일편단심

바위돌꽃(정, 1937)은 바위 위에서 자라는 것으로 그 잎은 마치 꽃과 같이 생겨서 이러한 명명이 가능하였다. 다른 이름에는 큰돌꽃(박, 1949)이 있다.

41 바위떡풀 *(Saxifraga fortunei Hooker var. incisolobata)* 꽃말 : 절실한 사랑

바위떡풀(정, 1937)은 바위 위에서 떡처럼 달라붙어 자라는 식물이라는 뜻에서 유래된 이름이다. 바위취와 비슷하되 잎이 두꺼운데서 유래되었다는 주장도 있다. 다른 이름에는 지이산바위떡풀(정, 1949), 털바위떡풀(박, 1949), 섬바위떡풀(이, 1969)가 있다.

42 **바위솔** *(Orostachys japonicus)* 꽃말 : 가사에 근면함

바위솔(정, 1937)은 솔방울처럼 생긴 식물로서 바위 위에서 자란다는데서 유래된 이름이다. 다른 이름에는 와송(정, 1958), 넓은잎지붕지기(박, 1974), 넓은잎바위솔(북한)이 있다.

43 바위취 *(Saxifraga stolonifera)* 꽃말 : 절실한 사랑

　바위취(정, 1949)는 바위 위에서 자라는 취라는데서 유래된 이름이다. 잎의 모양이 호랑이의 귀처럼 생겼다고 해서 붙여진 이름이다.

44 바위틈고사리 *(Dryopteris laeta)* 꽃말 : 기적, 신비

　바위틈고사리(박, 1949)는 이름에 직접적으로 서식지가 나타나 있다. 바위가 식물명 구성요소로 참여하고 있는 경우는 이 외에도 바위수국, 바위채송화, 바위족제비고사리 등 산지에 나거나 고산지대에 나는 것들로 바위와 함께 눈에 띄는 것들이다. 다른 이름에는 고려고사리(박, 1961)가 있다.

45 반지꽃 *(Viola mandshurica)*   꽃말 : 약속, 행운, 행복, 평화

　제비꽃의 다른 이름인 반지꽃은 꽃 밑에 달린 거(距)의 끝을 자른 다음 꽃대를 꽃 안에서 거꾸로 통과 시켜 친구의 손가락 굵기에 알맞은 꽃반지를 만들어서 상대방에게 끼워준 데서 유래된 이름이다.

46 방울새란 *(Pogonia minor)* 꽃말 : 자기애

방울새란(안, 1982)은 방울새의 부리 모양을 하고 있는 것에서 유래된 이름이다. 방울새난초(정, 1937), 방울새난(이, 1969)이 있다.

47 백리향 *(Thymus quinquecostatus)* 꽃말 : 용기

　백리향(정, 1937)은 초본 같지만 실은 높은 산정상의 바위틈이나 바닷가의 바위옆에 자라는 낙엽활엽소관목이다. 백리향의 식물체에는 Thymol, P-Cymene, Pinene, Linalool 등의 성분이 함유되어 있어 백리향 특유의 향기를 내품는다. 백리향이라는 이름이 이 향기가 백리까지 간다는데서 유래된 것이다.

48 뱀딸기 *(Duchesnea chysantha)* 꽃말 : 허영심, 자만

　뱀딸기(정, 1949)는 뱀과 상관없이 습하고 음침한 곳에서 자라는 것으로 사람이 먹기엔 적당하지 않다는데서 유래된 이름이라는 설이 있지만 실제로는 뱀이 먹는 딸기라는 뜻에서 유래된 이름이다. 다른 이름에는 배암딸기(정, 1937), 큰배암　기(박, 1949), 홍실뱀딸기(안, 1982)가 있다. 일본이름도 뱀딸기(蛇苺)이다.

49 **벌개미취** *(Gymnaster koraiensis)* 꽃말 : 추억, 청춘

　벌개미취(정, 1949)는 벌+개미취의 형태로 이루어진 이름이다. 접두어 벌은 벌판을 나타내므로 벌판에서 자생하는 개미취라는 뜻에서 유래된 이름이다. 다른 이름에는 고려쑥부쟁이(박, 1949)가 있다.

50 범부채 *(Belamcanda chinensis)* 꽃말 : 정성어린 사랑

　범부채(정, 1937)는 잎이 부채살 모양에다 주황색 꽃잎에 범가죽처럼 알록달록한 무늬가 있는 데서 유래된 이름이다. 다른 이름에는 사간(정, 1949)이 있다. 꽃잎에 호랑무늬 무늬가 있는 붓꽃 과의 식물이다.

51 **벗풀** *(Sagittaria trifolia)* 꽃말 : 신뢰

　벗풀은 잎모양이 쟁기의 모습과 비슷하다는 뜻의 '보풀'에서 유래된 것이다. 보(洑)나 웅덩이에서 자라는 풀이라는 뜻에서 유래된 이름이라는 주장도 있다.

52 보춘화 *(Polygonatum stenophyllum)* 꽃말 : 소박한 마음

　보춘화(報春花)는 고할 報(보)+봄 春(춘)+꽃 花(화)로 이루어진 이름으로 봄을 알리는 꽃이라는 뜻에서 유래된 이름이다. 봄에 꽃을 피우는 특성이 이름에 반영된 것이다. 보춘화와 비슷한 형태의 난 이름 중에서는 보세란(報歲蘭)이라는 것이 있다. 새해가 됨을 알리는 난이라는 뜻인데, 이것은 이 난이 음력 정월경에 꽃을 피우는 특성에서 유래된 것이다.

53 **복수초** (*Adonis amurensis*) 꽃말 : 영원한 행복

　복수초(정, 1937)는 일본이름 복수초(福壽草)를 차용한 것으로 이 식물의 꽃이 부와 영광과 행복을 상징하는 황금색인데서 유래한 이름이다. 복수(福壽)는 행복과 장수라는 의미로 중국의 시에 자주 등장하는 용어이다. 다른 이름에는 가지복수초(정, 1949), 눈색이꽃(박, 1949)이 있다. 중국에서는 측금잔화(側金盞花)라고 부른다. 일본에서는 복수초로 많이 불리지만 원일초(元日草)라는 이름도 있다.

54 붓꽃 *(Iris sanguinea)* 꽃말 : 기별, 신비한 사람

붓꽃(정. 1937)은 꽃봉우리가 터지기 직전의 모양이 먹물을 품은 붓 같이 보인다고 해서 붙여진 이름이다. 잎이 좁아서 붓과 같은데서 유래되었다는 설도 있다. 숲 가장자리나 들에는 창같이 뾰족하고 긴 잎사이에서 긴 꽃대가 나와 아름다운 보라색 큰 꽃을 피우는 여러해 살이 풀이 있는데, 이 식물의 꽃봉오리는 옛날 선비들이나 서예가들이 쓰던 붓모양 그대로서 붓꽃이라고 부른다.

55 비비추 *(Hosta longipes)* 꽃말 : 신비한 사랑

　비비추(정, 1937)는 잎사귀가 타원형으로 다소 질기며 쭈굴쭈굴하다. 이름은 잎이 뒤틀린 모양의 나물이란 뜻에서 유래되었다는 설이 있다. 한편으로는 비비추의 잎에는 약간의 독성이 있어서 그냥 먹질 못하고 대소쿠리에 비벼 거품이 나는 독성분을 없앤 뒤 상추처럼 먹었다고 해서 비비추라는 이름이 생겼다는 주장도 있다. 취는 시금치, 상치, 소래채, 곰취, 참취 등에서 볼 수 있듯이 나물이나 푸성귀를 나타내는데 쓰인 옛말이다.

56 **사마귀풀** *(Aneilema keisak)* 꽃말 : 경박

    사마귀풀은 이 식물의 즙을 피부에 돋은 사마귀에 바르면 사마귀가 죽는다는 데서 유래된 이름이다. 다른 이름에는 애기갈개비, 애기닭의밑씻개가 있다.

57 산마늘 *(Allium victorialis)* 꽃말 : 신선, 편한마음

산마늘(정, 1949)은 산+마늘 형태로 야생마늘이라는 뜻에서 유래된 이름이다. 산마늘을 울릉도
에서는 멩이나물이라 한다. 다른 이름에는 맹이풀(박, 1949), 서수레(북한)가 있다.

58 산오이풀 *(Sanguisorba hakusanensis)* 꽃말 : 애교

산오이풀(정, 1937)은 오이속 식물로 높은 산에서 자라며 다홍색 꽃이 초가을에 피고 잎에서 오이 냄새가 나는데서 붙여진 이름이다.

59 삼백초 *(Saururus chinensis)* 꽃말 : 행복의 열쇠

　삼백초(정, 1949)는 잎, 꽃 및 뿌리가 흰색이기 때문에 또는 윗부분에 달린 2~3개의 잎이 희어
지기 때문에 삼백초(三白草)라고 한다.

60 **삼지구엽초** *(Epimedium koreanum)* 꽃말 : 당신을 잡아두다

　삼지구엽초(정, 1937)는 땅 속 줄기에서 나온 줄기 웃 부분에 세 개의 가지가 나오고, 세 개씩의 잎들이 달려 9개의 잎을 이룬다. 따라서 석삼(三), 가지枝(지), 잎葉(엽), 풀草(초)자로 삼지구엽초(三枝九葉草)라고 부른다. 한방에서는 음양곽이라는 이름으로 더 잘 알려져 있다. 음란할淫(음), 양羊(양), 미역藿(곽)자로 쓰는데, 양의 음부 작용에 좋은 미역풀이란 뜻을 담고 있다.

61 삿갓풀 *(Paris verticillata)* 꽃말 : 근심

  삿갓풀(정, 1949)은 잎 모양이 삿갓모양 같은데서 유래된 이름이다. 다른 이름에는 삿갓나물(정, 1937)이 있다.

62 상사화 *(Lycoris squamigera)* 꽃말 : 이별, 이룰 수 없는 사랑

상사화(정, 1937)는 잎과 꽃이 함께 존재하지 못한 생태적 특성에서 유래된 이름이다. 즉 상사화(相思花)의 잎은 봄에 비늘줄기에 해당하는 인경에서 모여 나와 6~7월경에 마르고 8월에 꽃대가 올라와서 꽃을 피워 잎과 꽃이 서로 보지 못하므로 꽃은 잎을 생각하고 잎은 꽃을 생각한다는데서 붙여진 이름이다.

63 **새끼노루귀** *(Hepatica insularis)* 꽃말 : 인내, 신뢰

　새끼노루귀(박, 1949)는 새끼+노루귀 형태의 이름이다. 새끼는 낳은지 얼마 안되는 짐승을 가리키는 것으로 노루귀의 일종인 이 식물이 소형인데서 차용된 것이다. 즉 노루귀에 비해 전체가 소형이고 꽃 받침 조각 또한 5개로 짧은데서 유래된 이름이다. 꽃이 필 때면 줄기에 긴 흰털이 나 있는 모양이 노루귀에 난 털과 비슷한 노루귀보다 작고 흰색 얼룩무늬가 있는 꽃이다.

64 **새우난초** *(Calanthe discolor)* 꽃말 : 미덕, 겸허, 성실

　새우난초(정, 1937)는 난초과 식물로 뿌리줄기의 마디가 많아 새우등처럼 생겨 있는데서 유래된 이름이다. 다른 이름에는 새우란(북한)이 있다.

65 **석위** *(Pyrrosia lingua)* 꽃말 : 당신을 따르겠습니다

석위(정, 1937)는 상록다년생 양치류 식물로 바위나 노목의 수피에 착생하여 자라는 데서 유래된 이름이다. 중국이름과 일본이름도 석위(石韋)이다.

66 **석창포** *(Acorus gramineus)* 꽃말 : 우아, 기쁜소식

석창포(石菖蒲)는 바위틈에서 잘 자라고 창포와 비슷하게 생긴데서 유래된 이름이다.

67 **섬초롱꽃** *(Campanula punctata var takeshimana)* 꽃말 : 기도, 천사, 정의

　섬초롱꽃(정, 1937)은 섬에서 자생하는 초롱꽃이라는 뜻에서 유래된 이름이다. 섬은 우리나라
에 많이 있지만 식물이름에서 가리키는 섬은 주로 울릉도이다. 섬초롱꽃도 울릉도 특산이다.

68 솔나리 *(Lilium cernuum)* 꽃말 : 새아씨

솔나리(정, 1937)는 나리의 한 종류로 잎의 생김새가 솔잎같이 가늘어서 붙여진 이름이다.

69 솔나물 *(Galium verum var. asiaticum)* 꽃말 : 발랄

솔나물(정, 1937)은 잎이 솔잎처럼 선형인데서 유래된 이름이다.

70 **솔붓꽃** *(Iris ruthenica)* 꽃말 : 존경, 기별

솔붓꽃(정, 1949)은 옛날에 이 식물의 뿌리로 베 솔을 만들어 이용한데서 유래된 이름이다. 다른 이름에는 가는붓꽃(박, 1949)이 있다.

71 쇠무릎 (*Achyranthes japonica*) 꽃말 : 애교

쇠무릎은 줄기의 마디가 툭 튀어나와서 소의 무릎처럼 보인다는 데서 유래된 것이다.

쇠무릎은 마디가 가늘지만 영락없이 소다리의 축소판이다. 줄기는 네모지고 곧게 서며 가지가 많이 뻗고 아이들 허리가 넘도록 자라며 줄기의 마디는 마치 소뼈의 관절처럼 튀어나왔다.

72 **쇠서나물** *(Picris davurica)* 꽃말 : 발랄

　쇠서나물(정, 1956)은 잎 가장자리에 뾰족한 톱니가 있고 양면이 거친데서 유래된 이름이다. 다른 이름에는 모련채(정, 1937), 조선모련채(박, 1949)가 있다.

73 수련 *(Nymphaea tetragona)* 꽃말 : 청순한 마음

　수련(정, 1937)은 물에서 자라는 연이라는 뜻에서 수련(水蓮)이라는 이름이 유래된 것으로 생각하는 사람들이 많다. 그런데 수련의 한자 이름은 수련(水蓮)이 아니라 수련(睡蓮)이다, 아침 햇빛과 함께 피고, 저녁놀과 함께 잠든다고 해서 잠잘 수(睡)자를 써서 수련(睡蓮)이라 한다. 한낮에 핀다하여 자오련(子午蓮)이란 이름도 있다.

74 **수리취** *(Synurus deltoides)* 꽃말 : 장승

　수리취는 단옷날 전후에 잎을 먹는다고 할 때에 수릿날(단옷날)과 관련지어 붙여졌다고 할 수 있으나 논란이 있다. 이 보다는 초형이 큰데서 수리가, 취나물과 유사한데서 취가 유래되어 수리취라는 이름이 붙은 것으로 생각된다.

75 수선화 *(Narcissus tazetta)* 꽃말 : 신비, 자존심

수선화(정, 1937)는 중국이름 수선(水仙)에서 유래된 이름이다. 수선의 유래에 관해서는 여러 가지 설이 있다. 본초강목(本草綱目)에 의하면 낮은 온도의 땅에서 잘 자라고, 물을 빠뜨릴 수 없기 때문에 수선(水仙)이라 한다라고 기술되어 있지만 물을 빠뜨릴 수 없다는 것은 수선에 한정된 것은 아니기 때문에 이 설명만으로는 무언가 부족하다는 생각이 든다. 수선은 물 안에 있는 선인이라는 뜻으로 그 청초한 꽃의 모습을 선인의 모습에 비유한데서 유래된 이름이라는 주장이 있는데, 이것이 설득력있게 받을 들여지고 있다.

76 수염가래꽃 *(Lobelia chinensis)* 꽃말 : 겸손, 봄처녀

　수염은 성숙한 남자의 입가, 턱, 뺨에나는 털, 또는 벼나 보리 옥수수 등의 낟알 끝에서 가늘게 난 사스랭이나 멀모양의 물건을 가리키는 것으로 식물이름에서 자주 차용하게 된다. 꽃의 생김새가 턱에 돋아난 수염같기도 하고 흙을 떠서 던지는 가래 같기도 한데서 유래된 이름이다. 다른 이름에는 수염가래(1974)가 있다.

77 **수영** *(Rumex acetosa)* 꽃말 : 동심, 친근한 정

 수영은 미나리의 생약명 수영(水英)과 같다. 수영은 물에서 성하는 풀이라는 뜻일 것이다. 수영도 역시 습지에서 잘 자란다는 점을 감안하면 생육습성에서 유래된 이름인 것으로 추정된다.

78 **술패랭이꽃** *(Dianthus superbus L. var. longicalycinus)* 꽃말 : 경원, 의협심

　술패랭이꽃(정, 1937)은 꽃잎이 술처럼 갈라진다는 데서 유래된 이름이다. 다른 이름에는 수패랭이꽃(박, 1949)이 있다.

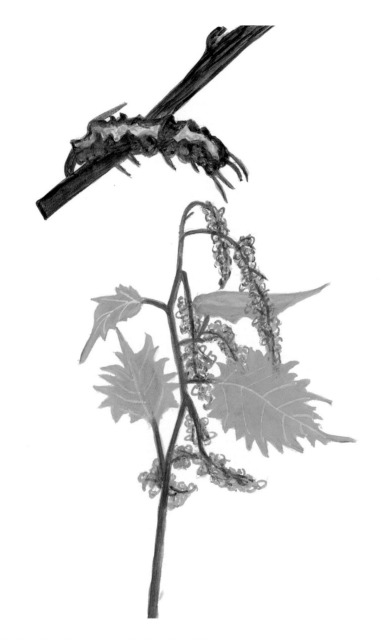

79 **쐐기풀** *(Urtica thunbergiana)* 꽃말 : 엄마의 손

　쐐기풀은 이 식물의 잎과 줄기에 포름산이 든 가시가 있어 피부에 닿으면 쐐기나방의 애벌레인 쐐기에 쏘인 듯 따끔거려서 쐐기풀이 되었다.

80 쓴나물 *(Ixeris dentata)* 꽃말 : 순결, 다시찾은 행복

쓴나물은 씀바귀의 방언으로 쓴냉이라고 부르기도 하는 풀이다. 쓴냉이는 그만큼 쓰다는 뜻이
면서 냉이처럼 먹을 수 있는 나물이다라는 것을 가리킨다.

81 쓴풀 *(Swertia japonica)* 꽃말 : 지각, 나를 깨닫다

　쓴풀(이, 1969)은 식물체의 뿌리가 몹시 쓴데서 유래된 이름이다. 다른 이름에는 당약(안, 1982)이 있다.

82 씀바귀 *(Ixeris dentata)* 꽃말 : 헌신, 비밀스런 사랑

씀바귀(정, 1937)는 나물의 맛이 쓰기 때문에 '씀'이라는 부가어가 결합한 것으로 쓴맛이 있는 데서 유래된 이름이다. 이름은 잎줄기 및 뿌리줄기가 쓰며, 잎 모양이 귀와 관련된 '쓴귀풀'이 변해서 붙여졌다. 다른 이름에는 씸배나물(정, 1949), 씀바기(박, 1949), 쓴귀물(안, 1982)이 있다.

83 **알록제비꽃** *(Viola variegata)* 꽃말 : 나를 생각해 주세요

알록제비꽃(정, 1949)은 제비꽃 종류로 잎의 표면에 흰색의 얼룩 반점이 있는데서 유래된 이름이다. 다른 이름에는 청자오랑캐(정, 1937), 알록오랑캐(박, 1949)가 있다.

84 알방동사니 *(Cyperus difformis)* 꽃말 : 일편단심

꽃 이삭이 다른 방동사니류에 비해 알처럼 둥그스름하고 큰데서 유래된 것이다.

85 **앉은부채** *(Symplocarpus renifolius)* 꽃말 : 기다림

  앉은부채는 천남성과의 다년초로 꽃모양이 가부좌를 틀고 있는 부처 같은데서 유래된 이름인 것으로 추정된다.

86 애기똥풀 *(Cchelidonium majus)* 꽃말 : 몰래주는 사랑

  애기똥풀(정,1937)은 애기똥+풀의 형태이다. 식물 이름에서 애기라는 접두어는 작다는 것이 그 속성으로 차용된다. 그런데 애기똥풀은 줄기와 잎에 상처를 내면 애기의 똥과 비슷한 유액이 나오는데서 유래된 이름이다.

87 **양지꽃** *(Potentilla fragarioides)* 꽃말 : 사랑스러움

  양지꽃(정, 1937)은 서식지를 반영한 이름으로 빛이 많고 건조한 곳에서 잘 자라는데서 유래된 이름이다. 다른 이름에는 소시랑개비(정, 1949), 왕양지꽃(안, 1982)이 있다.

88 어리연꽃 *(Limnanthemun indica)* 꽃말 : 순결, 청정, 수면의 요정

어리연꽃(정, 1937)은 어리+연꽃 형태이다. 어리는 병아리 따위를 가두어 기르기 위하여 싸리 등의 가는 나무로 체를 엮어서 둥글에 만든 것을 가리키는 것이다. 하지만 식물이름에서 접두어로 쓰일때는 그 식물과 유사하거나 가까움을 나타내는 말로 쓰인 것이다. 즉 어리연꽃은 이 식물이 연꽃과 비슷한 모양을 하고있는 것에서 유래된 이름이다.

89 얼레지 *(Erythronium japonicum)* 꽃말 : 질투

　얼레지(정, 1937)는 잎에 어루러기 같은 핏빛 무늬가 있는데서 유래되었다는 설과 어린이들이 서로 남을 놀려댈 때 쓰는 얼레리꼴레리 중 얼레리라는 말에서 유래되었다는 말에서 유래되었다는 설이 있다. 활짝 핀 꽃잎이 가재의 집게를 떠오르게 하고, 같은 백합과인 무릇과 뿌리가 비슷하여 그렇게 부르는 듯하다.

90 엉겅퀴 *(Korean thistle)* 꽃말 : 독립, 근엄, 고독한 사람

　엉겅퀴는 엉겅+퀴의 이름인 것으로 생각된다. 엉겅은 드문 드문이라는 뜻이며, 퀴는 거치를 나타낸 말인 것으로 추정된다. 즉 잎의 거치고 크고 드문드문 있는데서 유래된 것으로 추정된다. 엉겅퀴는 제주 방언으로 '쇠왕이'라 한다.

91 **여름새우난초** *(Calanthw reflexa)* 꽃말 : 미덕

　여름새우난초(박, 1949)는 여름+새우난초 형태로 구성된 이름이다. 여름은 개화시기를 나타낸
것으로 여름에 꽃이 피는 새우난초라는 뜻에서 유래된 이름이다. 다른 이름에는 여름새우난(이,
1969)이 있다.

92 **여우꼬리사초** *(Carex blepharicarpa var. insularis)* 꽃말 : 정열, 불안, 변덕

여우꼬리사초(정, 1949)는 꽃차례와 잎 모양이 여우의 일부분(꼬리)과 닮은 데서 유래된 이름이다.

93 **연꽃** *(Nelumbo nucifera)* 꽃말 : 군자, 신성, 청정

　연꽃(정, 1937)은 중국이름 연(蓮花)에서 유래된 이름이다. 연(蓮)은 연뿌리의 마디마다 실 뿌리를 내리고 진흙 속을 기면서 계속 이어지는 연(連)모양을 갖는 식물(艸)이라는 뜻에서 붙여진 것이다.

94 옥잠화 *(Hosts plantaginea)* 꽃말 : 사랑의 망각, 침착, 추억

옥잠화(정, 1937)는 중국이름 옥잠(玉簪)에서 유래된 이름이다. 가지런하고 깨끗한 잎을 차곡 차곡 달고 단정하게 자리잡은 풀 포기는 선녀가 떨어뜨리고 간 옥비녀를 연상케 한데서 유래된 이름이다. 군방보(群芳譜)에는 "한(漢)나라의 무제(武帝)가 총애한 이부인(李婦人)이 옥잠(玉簪) 을 꺾어서 머리에 장식하였다. 이것을 보고 후궁(後宮)들이 모두 흉내를 내기 시작했다고 한다.

95 용담 *(Gentiana scabra bunge var. buergerii)* 꽃말 : 긴추억, 정의

용담(정, 1937)의 의미는 용(龍)의 쓸개(膽)라는 뜻에서 유래되었다는 설이 있다. 이 설에 의해 뿌리의 쓴맛이 용의 쓸개와 같으므로 뿌리의 쓴맛을 짐작할 수 있다는 해석이 있다. 또 쓸개는 곰의 것이 특히 효능이 있는데, 이 식물의 뿌리는 웅담보다 더효험이 있으므로 곰보다 강한 상상의 동물인 용의 쓸개를 이름의 구성요소로 차용했다는 것이다. 그런데 실은 용담의 잎이 가마중(龍葵)을 닮았고 뿌리가 쓸개만큼 쓰다고 해서 붙여진 이름이다.

96 용머리 *(Dracocephalum argunense)* 꽃말 : 승천

용머리(정, 1937)는 식물체의 끝에 달려 있는 화려한 자주빛의 꽃이 용머리 같다 하여 상상의 존재인 용에 비유하여 이름을 붙인 것이다. 속명 Dracocephalum은 그리스어의 dracon(용)과 cephala(머리)의 합성어이다.

97 원추리 (*Hemerocallis fulva*) 꽃말 : 지성, 기다리는 마음

　원추리(정, 1937)란 말은 산림경제에서 처음 나온다. 훤초는 원추리 또는 업나물이라고 되어 있다. 그보다 훨씬 이전에 나온 훈몽자회에는 훤(萱)은 넘나물로 풀이되어 있다. 그러니까 고유의 이름은 넘나물(정, 1937) 또는 엄나물이다. 원추리를 물명고(物名考)에서는 '원쵸리'라 하고 물보(物譜)에는 '원츌리'라 했는데 이것은 중국명인 훤초(萱草)가 변하여 된 이름이다.

98 은방울꽃 *(Convallaria keiskei)* 꽃말 : 섬세함, 다시 찾은 행복

　은방울꽃(정, 1937)은 꽃을 작은 은방울에 비유해서 붙여진 이름이다. 꽃이 하얗고 꽃이 방울 모양이기 때문이다. 일본에서는 은방울꽃을 영란(鈴蘭)이라고 해서 난(蘭)이라는 글자가 붙어 있지만, 원래 난과는 아니고 백합과의 화초이다.

99 이른범꼬리 *(Bistorta tenuicaulis)* 꽃말 : 키다리

이른범꼬리(정, 1949)는 범꼬리와 비교해 보면 부가어 이른에 그 생태적 특성이 나타나 있다. 즉 범꼬리가 7~8월에 꽃이 피는 식물임에 비해 이른범꼬리는 4~5월에 꽃이 피는데 이러한 사실에 착안하여 이른을 사용한 것이다. 다른 이름에는 봄범의꼬리(박, 1949)가 있다.

100 **이질풀** *(Geranium nepalense)* 꽃말 : 새색시의 아름다운 마음

　이질풀(정, 1937)은 이 풀을 달여 먹으면 이질에 탁월한 효과가 있다는데서 유래된 이름이다. 이질(痢疾)은 뒤가 잦으며 곱똥이 나오는 병으로 피가 섞여 나오는 것을 적리(赤痢), 흰 곱만 나오는 것을 백리(白痢)라 하는 데 이질풀의 농축액은 적리균(赤痢菌), 장티푸스, 대장균에 살균효과를 갖고 있다.

101 인동덩굴 *(Lonicera japonica)* 꽃말 : 사랑의 굴레

　인동덩굴(정, 1937)은 덩굴성으로 겨울에도 잎의 일부가 푸르게 남는 데서 유래된 이름이다. 다른 이름에는 금은화(정, 1937), 인동(이, 1969) 등 다양하다. 금은화는 처음에는 흰꽃이 피었다가 2~3일 후면 노란색으로 변하여 한 꽃에 흰색과 노란색이 같이 있게 되는데, 흰꽃은 은으로, 노란꽃은 금으로 인지하여 이름 지은 것이다.

102 **자라풀** *(Hydrocharis dubia)* 꽃말 : 궁금함

　자라풀(정, 1937)은 잎이 둥글고, 잎 뒷면에 부풀어 있는 기낭모양이 마치 자라의 등껍질과 같다는데서 유래된 이름이다. 다른 이름에는 수련아제비(안, 1982)가 있다.

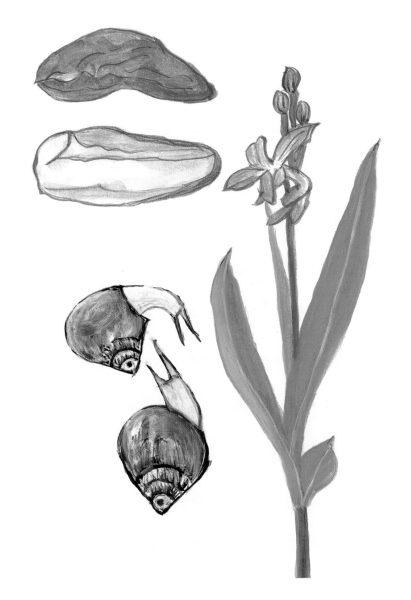

103 **자란** *(Bletilla striata)* 꽃말 : 소박한 마음

  자란(이, 1969)은 일본이름 자란(紫蘭)을 차용한 것으로 자색의 난이라는 뜻에서 유래된 이름이
다. 식물이름에는 꽃이나 식물의 색깔을 특징 삼아 붙인 이름이 많은데 중국이름에는 금색이나
황색이, 일본이름에는 자색을 나타내는 이름이 많은 편이다. 다른이름에는 대암풀(북한)이 있다.

104 **작약** *(Paeonia lactiflora)* 꽃말 : 부귀, 수줍음

　작약(정, 1937)은 중국이름 작약(芍藥)에서 유래된 이름이다. 작약은 "적(癪)을 그치는 약"이라는 의미에서 유래된 것으로 적(癪)은 옛날 배나 가슴에 발작적으로 심한 통증을 일으키는 병을 말한다. 실제로 한방에서는 작약의 뿌리를 건조한 것을 달여서 복용하면 복통, 신경통 등 진통제에 효과가 있다고 알려져 있으며, 통풍이나 부인병에도 이용된다.

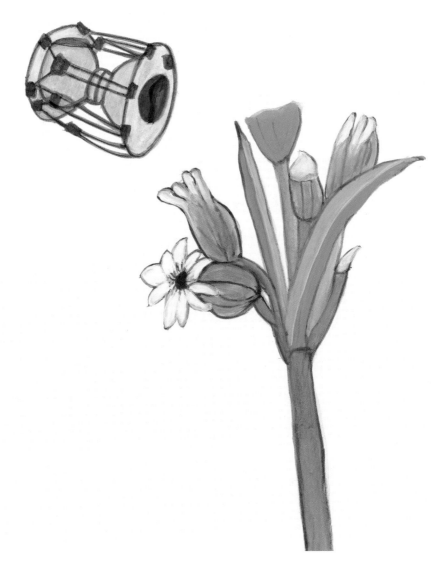

105 장구채 *(Melandryum firmum)* 꽃말 : 동자의 웃음

장구채(정, 1937)는 줄기에 비하여 꽃이 비정상적으로 큰 편이다. 꽃은 통부가 볼록하고 긴 타원형으로 전체적으로 장구를 치는 채와 닮은 모양인데서 유래된 이름이다.

106 제비꽃 *(Viola mandshurica)* 꽃말 : 성실, 무궁한 사랑

　제비는 예로부터 9월 9일 중앙절에 강남에 갔다가 3월 3일 삼진날 돌아온다고 해서 날이 겹치는 양수날에 갔다가 돌아오는 길조라고 여겼다. 이 제비의 이름을 차용한 제비꽃(정, 1937)은 제비가 날아오는 때와 이 식물이 꽃을 피우고, 꽃부리가 제비의 꼬리를 닮은 점에서 착안하여 이름을 붙인 것으로 보인다.

107 **제비붓꽃** (*Iris laevigata*) 꽃말 : 행운이 온다

제비붓꽃(정, 1937)은 안쪽의 꽃잎이 위로 향해 뾰족뾰족 일어선 품이 마치 우뚝 솟는 제비와 같이 날씬하다 하여 제비가 접두어로 참여하여 구성된 이름이다. 다른 이름에는 푸른붓꽃(박, 1949)이 있다. 중국에서는 이 꽃을 연자화(燕子花)라 하는데 꽃 모습이 제비와 같은데서 유래된 이름이다.

108 족도리풀 *(Asarum sieboldii)* 꽃말 : 모녀의 정

족도리풀(정, 1937)은 꽃의 모양이 혼례 때 신부의 머리에 쓴 족두리의 모양과 닮았다 하여 붙여진 이름이다. 족두리는 옛날 당의나 소례복, 대례복을 입을 때 혹은 전통 결혼식 때 착용하는 장신구이다. 본래 몽고의 풍속으로써 고려 때 원나라와 통혼(通婚)하면서 들어오게 된 고고리(古古里)라는 몽고의 모자에서 변형된 것이며, 명칭 또한 족두리로 변화되었다. 때문에 족도리 풀이 아니라 족두리풀로 표기하는 것이 정확하다는 주장도 있다.

109 쥐오줌풀 *(Valeriana fauriei)* 꽃말 : 순결, 담백

쥐오줌풀(정, 1937)은 퉁퉁한 뿌리에서 냄새가 나는데서 기인하여 명명된 이름이다. 다른 이름에는 길초(정, 1937), 긴잎쥐오줌풀(정, 1937), 줄댕가리(정, 1949), 은댕가리(정, 1956), 바구니나물(북한)이 있다.

110 **지리터리풀** *(Filipendula formosa)* 꽃말 : 당신을 따르겠습니다

　지리터리풀(박, 1949)은 지리+터리풀 형태의 이름이다. 지리는 지리산을 가리키는 것이며, 터리풀은 이 식물이 터리풀의 일종임을 나타낸 것이다. 그러므로 지리산 특산의 터리풀이란 뜻에서 유래된 이름이다.

111 **진득찰** *(Siegesbeckia glabrescens)* 꽃말 : 신비, 요술

　진득진득한 열매가 지나가는 사람이나 동물들에게 붙어 찰떡같이 늘어져 여러 자손을 퍼트리는데 유래된 것이다.

112 **질경이** *(Lanatago asiatica)* 꽃말 : 발자취, 충성, 수줍음

　질경이(정, 1937)는 잘 끊어지지 않는 잎의 설질에서 유래한 것이라 한다. 중국의 본초강목에는 차전채(車前菜), 차과로초(車過路草)로도 기록되어 있다. 차전채는 '소 발자국에서 나는데서 유래되었으며 차과로초는 수레바퀴가 지나다녀도 끈질지게 자라는데서 유래되었다 한다. 한방에서 질경이의 성숙한 종자를 건조한 것을 차전자(車前子)라고 하며, 꽃이 필 무렵의 전초(全草)를 수확해 건조한 것을 차전초(車前草)라고 한다.

113 차풀 *(Cassia nomame)* 꽃말 : 추억, 연인

   차풀(전, 1937)은 차풀과에 속하는 1년생 풀로 키는 30~80cm정도 된다. 옛날에는 이 풀의 줄기와 잎을 말려 차(茶) 대용으로 끓여 마셨는데 차풀은 여기에서 유래된 이름이다. 다른 이름에는 며느리감나물(정, 1949), 눈차풀(이, 1969)이 있다. 중국이름은 두다결명(豆茶決明)이다.

114 **창포** *(Acorus calamus)* 꽃말 : 경의, 당신을 믿는다

　창포에서 창(菖)자는 창성할 昌(창)자와 풀艸(초)가 합해진 글자이다. 포(蒲)자는 물가 浦(포)와 풀 艸(초)의 합성어로 물가에서 자라는 풀로 해석할 수가 있다. 그런데 창성할 昌(창)자는 다른 글자와 조합이 재미있는데, 입이 성하면 명창(唱 명창할 때 창이다)이고, 여자가 성하면 창녀(娼)가 되고 사람이 성하면 광대(倡)가 된다. 그러므로 창포는 물가에서 성하는 풀이라(菖蒲) 할 수 있다. 실제로 창포는 물가나 습지에서 잘 자라는 식물이다.

115 **처녀치마** *(Heloniopsis orientalis)* 꽃말 : 혼례의 절제

처녀치마(정, 1937)는 꽃이 활짝 피었을 때의 모습이 마치 처녀들이 입는 치마 같은 데서 유래된 이름이다. 다른 이름에는 치마풀(북한)이 있다.

116 **천남성(天南星)** *(Arisaema amurense)* 꽃말 : 불변, 전화위복

천남성(天南星)은 약재로 사용될 때 성질이 극양(極陽)에 가까워 하늘에서 양기가 가장 강한 남쪽 별에 빗대어서 붙여진 이름이다.

117 체꽃 *(Scabiosa mansensis Nakai for. pinnata)* 꽃말 : 이루어 질 수 없는 사랑

체꽃(정, 1951)은 꽃 모양이 체의 구멍처럼 퐁퐁 뚫려 있는데서 유래된 이름이다.

118 **촛대승마** (*Cimicifuga japonica*) 꽃말 : 여인의 독설

촛대승마(정, 1949)는 촛대+승마 형태로 이루어진 이름이다. 촛대는 꽃이 피면 기다란 꽃차례(花序)애 여러개의 꽃이 모여서 위로 곧게 피어나는데서 유래된 것이다. 승마는 중국이름으로 "약성(藥性)이 상승하고 잎의 모양이 마(麻)와 비슷해 승마(昇麻)라고 한데서 유래된 것이다.

119 큰두루미꽃 *(Maianthemum dilatatum)* 꽃말 : 화려함, 변덕

큰두루미꽃(정, 1937)은 잎과 엽맥 모양을 두루미가 날개를 넓게 펼친 모양에 비유한데서 유래된 이름이다. 일본이름은 무학초(舞鶴草)이다.

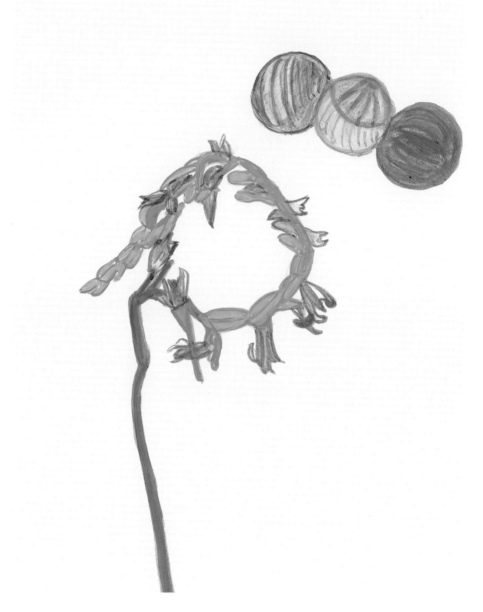

120 **타래난초** *(Spiranthes sinensis)* 꽃말 : 추억

　타래난초(정, 1937)는 꽃차례(花序) 모양이 실타래를 닮은 모양에서 유래된 이름이다. 다른 이름에는 타래란(북한)이 있다.

121 **톱풀** *(Achillea alpina)* 꽃말 : 충실, 숨은 공적, 나눔

톱풀(정, 1937)은 잎의 거치가 톱날과 같다고 해서 붙여진 이름이다. 다른 이름에는 가새풀(정, 1937)이 있는데 톱날과 같이 생긴 잎의 거치를 가새에 비유한데서 유래된 것이다.

122 **투구꽃** *(Aconitum jaluense)* 꽃말 : 용사의 모자, 밤의 열림

투구꽃(정, 1937)은 꽃의 모양이 옛 병사들의 투구모양과 닮은 데서 유래된 이름으로 꽃의 옆모습은 투구모습 그대로다. 신기한 것은 투구모양의 꽃을 가진 식물답게 매년 조금씩 이동한다는 점이다. 지금까지 자라온 뿌리는 썩어버리고 다음해에는 옆에 달린 뿌리에서 새싹이 나와서 자람으로 뿌리의 굵기만큼 움직이게 된다.

123 파리풀 *(Phryma leptostachya)* 꽃말 : 친절

파리풀(정, 1937)은 그 뿌리를 찧어 종이에 먹인 다음 파리를 잡는데서 유래된 이름이다. 식물
이 인간생활에 소용되는 바가 구성요소로 쓰인 이름이다.

124 **패랭이꽃** *(Dianthus chinensis)* 꽃말 : 순애, 대담, 거절

　패랭이는 옛날 천인(賤人)이나 상인(常人)들이 쓰던 댓개비로 만든 모자의 일종이다. 패랭이꽃
(정, 1937)은 패랭이를 거꾸로 한 것과 같은 모양에서 유래된 이름이다. 다른 이름에는 석죽(정,
1937)이 있다. 석죽(石竹)은 중국이름을 차용한 것으로 패랭이꽃을 대나무에 비유한데서 유래된
이름이다. 이 이름 때문에 동양화 소재로 자주 쓰어왔다.

125 풍선난초 *(Calypso bulbosa)* 꽃말 : 청초한 아름다움

　풍선난초(정, 1949)는 꽃이 둥근 주머니가 매달린 것처럼 보인데서 유래된 이름이다. 다른 이름
에는 주걱난초(박, 1949), 애기숙갈난초(박, 1949), 풍선란(북한)이 있다.

126 하늘나리 (*Lilium concolor*) 꽃말 : 순결, 존엄

　하늘나리(정, 1937)는 하늘+나리의 형태로 이루어진 이름으로 꽃이 하늘을 향해 피는데서 유래된 이름이다. 접두어 하늘은 꽃이 곧추서서(상향으로) 피는데서 유래되었다는 설과 하늘과 가까운 높은 지역에서 자생하는데서 유래되었다는 설이 있다. 그런데 우리 꽃 이름 중 접두어 하늘은 경우에 따라서 구별이 어려우므로 개화특성과 자생지 특성을 조사해 볼 필요가 있다.

127 할미꽃 *(Pulsatilla koreana)* 꽃말 : 충성, 슬픈 추억

할미꽃(정, 1937)은 꽃의 형태에서 유래된 이름이다. 흰털로 덮인 꽃대가 구부러져 있고 자주색 꽃이 피는데 희고 긴 털로 덮인 꽃받침은 여섯장이다. 수술과 암술이 많고 새의 깃털 모양으로 펴진 털이 촘촘하게 나 있는 암술대는 꽃잎이 진 후 4cm정도로 되어 흰 머리털같이 익는다. 이 구부러진 꽃대나 열매 모양이 마치 머리가 하얗게 세고 등이 굽은 할머니를 연상시키는데서 유래된 이름이다.

128 해국 *(Aster spathulifolius)* 꽃말 : 인고의 기다림

해국은 국화가 식물로 바닷가에서 국화와 비슷한 꽃이 피는 식물이라는 뜻에서 유래된 것이다.

129 **해오라비난초** *(Habenaria radiata)* 꽃말 : 꿈에서도 만나고 싶다, 애모

　해오라비난초(이, 1969)는 해오라비+난초 형태로 이루어진 이름이다. 해오라비는 온몸이 희고 목과 다리가 특별히 긴 새인데, 이 식물의 꽃 모양이 해오라비가 하늘을 힘차게 날아가는 형태인 데서 유래된 이름이다. 다른 이름에는 해오래비난초(정, 1937), 해오리란(북한)이 있다.

130 **황금** (*Scutellaria baicalensis*) 꽃말 : 고귀함

황금은 뿌리의 빛깔이 노란빛을 띠는 데서 유래된 것이다.

인보 **장현숙** 仁甫 張賢淑

Jang Hyun Suk

■경력

- 원광대학교 순수미술학부 조기졸업(3년 6개월)
- 대한민국미술대전 초대작가
- 전라북도미술대전 운영 및 심사위원
- 전국온고울미술대전 운영 및 심사위원
- 대한민국서도대전 심사위원
- 전국춘향미술대전 심사위원
- 서울미술대상전 심사위원
- 신사임당미술대전 운영위원
- 한국추사미술대전 운영위원

■수상

- 전국마한서예문인화대전 대상
- 전국성경휘호대전 대상
- 김삼의당 시서화공모전 대상
- 오사카갤러리초대전 우수작가상 3회
- '신년을 맞으며' 전 초대작가상
- 2018 평창올림픽성공기원 세계미술축전
  우수작가상
- 통일미술대축전 우수작가상
- 국제문화예술교류전(한국 · 일본 · 북한 · 중국)
  우수작가상

- 다프국제아트페어 본상, 특별상
- 한 · 중 · 일 국제아트페어 우수작가상
- 한국대표6개단체전 우수작가상

■표창

- 내무부장관 표창(안응모)
- 군산시장 표창(이봉섭)

■전시

- 한 · 중 교류전
- 한 · 몽 국제미술교류전
- 오사카갤러리 초대작가전
- 대한민국미술축전(KAFA) 아트페어
- 전북나우페스티벌.
- 국제다프아트페어
- 한 · 중 · 일 아트페어
- 한국미술관 6개단체 초청전
- 2020년 신년달력 무료전시(한국미술관)
- 한 · 중 · 일 동아시아 서화미술대축전
- 그 외 단체전 230여 회

저자와의
협의하에
인지생략

그림으로 풀이한
우리꽃 이름의 유래와 꽃말

2020年 7月 30日 초판 발행

글쓴이 장 현 숙

발행처 ❧ ㈜이화문화출판사
발행인 이 홍 연 · 이 선 화

등록번호 제300-2015-92호
주소 서울시 종로구 인사동길 12, 311호
전화 02-732-7091~3 (도서 주문처)
FAX 02-725-5153
홈페이지 www.makebook.net

값 25,000원